Francisco Pessoa Machado

Aproveitamento de rejeito de caieira na pavimentação de estrada

Francisco Pessoa Machado

Aproveitamento de rejeito de caieira na pavimentação de estrada

Mitigação de dano ambiental

Novas Edições Acadêmicas

Impressum / Impressão
Bibliografische Information der Deutschen Nationalbibliothek: Die Deutsche Nationalbibliothek verzeichnet diese Publikation in der Deutschen Nationalbibliografie; detaillierte bibliografische Daten sind im Internet über http://dnb.d-nb.de abrufbar. Alle in diesem Buch genannten Marken und Produktnamen unterliegen warenzeichen-, marken- oder patentrechtlichem Schutz bzw. sind Warenzeichen oder eingetragene Warenzeichen der jeweiligen Inhaber. Die Wiedergabe von Marken, Produktnamen, Gebrauchsnamen, Handelsnamen, Warenbezeichnungen u.s.w. in diesem Werk berechtigt auch ohne besondere Kennzeichnung nicht zu der Annahme, dass solche Namen im Sinne der Warenzeichen- und Markenschutzgesetzgebung als frei zu betrachten wären und daher von jedermann benutzt werden dürften.

Informação biográfica publicada por Deutsche Nationalbibliothek: Nationalbibliothek numera essa publicação em Deutsche Nationalbibliografie; dados biográficos detalhados estão disponíveis na Internet: http://dnb.d-nb.de. Os outros nomes de marcas e produtos citados neste livro estão sujeitos à marca registrada ou a proteção de patentes e são marcas comerciais registradas dos seus respectivos proprietários. O uso dos nomes de marcas, nome de produto, nomes comuns, nome comerciais, descrições de produtos, etc. Inclusive sem uma marca particular nestas publicações, de forma alguma deve interpretar-se no sentido de que estes nomes possam ser considerados ilimitados em matérias de marcas e legislação de proteção de marcas e, portanto, ser utilizadas por qualquer pessoa.

Coverbild / Imagem da capa: www.ingimage.com

Verlag / Editora:
Novas Edições Acadêmicas
ist ein Imprint der / é uma marca de
OmniScriptum GmbH & Co. KG
Heinrich-Böcking-Str. 6-8, 66121 Saarbrücken, Deutschland / Niemcy
Email / Correio eletrônico: info@nea-edicoes.com

Herstellung: siehe letzte Seite /
Publicado: veja a última página
ISBN: 978-3-639-69268-6

"O que hoje são amontoados de rejeitos considerados imprestáveis e que podem oferecer risco de dano ao meio ambiente, amanhã poderá se tornar em material útil e em mais uma fonte de renda para os produtores de cal".

O autor

Aos meus pais – Maria e Hilário (*in memoriam*); à minha esposa – Antônia; e à minha filha – Patrícia.

Agradecimentos

Ao orientador, Prof. Dr. José Antônio Beltrão Sabadia, pela orientação, dedicação e estímulo à realização do curso de Mestrado, bem como pelos inestimáveis ensinamentos no sentido de aprimorar a elaboração desta dissertação.

Ao coorientador do Curso de Mestrado, Prof. Dr. César Ulisses Vieira Veríssimo, meus agradecimentos.

À minha esposa, Antônia de Castro Côrtes Pessoa, pelo valioso incentivo, apoio e companheirismo.

À coordenadora do Curso de Mestrado em Geologia, Profª. Dra. Sônia Maria Silva Vasconcelos pela atenciosa colaboração.

À Fundação Cearense de Apoio ao Desenvolvimento Científico - FUNCAP, pela concessão de bolsa de estudo no início do curso de mestrado.

À Coordenação de Aperfeiçoamento de Pessoal de Nível Superior - CAPES, pelo importante apoio financeiro através de concessão de bolsa de estudo, incentivando a pesquisa, tornando viáveis as investigações técnicas e científicas objeto desta dissertação.

À Profª. Drª. Loreci Gislaine de Oliveira Lehugeur (*in memoriam*), pelo incentivo ao meu retorno aos bancos de faculdade, pelo carinho e paciência que muito contribuíram para nortear a formulação do projeto de pesquisa objeto desta dissertação.

À Profª Dra. Ana Candida de Almeida Prado pela contribuição no aprimoramento deste trabalho.

À Profª. Dra. Cynthia Romariz Duarte pelo apoio incondicional e contribuição para a execução deste trabalho.

Aos demais Professores do Departamento de Geologia da Universidade Federal do Ceará - UFC, pelos conhecimentos repassados durante as aulas por eles ministrados.

Aos colegas de mestrado, pelos momentos de descontração, companheirismo e amizade expressados durante este curso.

Ao meu dileto amigo e colega de profissão e de trabalho, Pedro Aguiar Nobre Filho, pelo incentivo decisivo para que eu tomasse a iniciativa de cursar este mestrado.

Ao Departamento de Edificações e Rodovias - DER, do Governo do Estado do Ceará, na pessoa do geólogo José Furtado Pinto, chefe do Laboratório de Solo deste Departamento, pela presteza e viabilização dos ensaios geotécnicos das amostras de solo-rejeito, instrumento da pesquisa.

Resumo

A pesquisa objeto desta dissertação de mestrado teve como foco o aproveitamento racional do rejeito de caieira, constituído de pedregulho e cal, advindo da atividade de produção de cal. A área escolhida para os estudos localiza-se nos limites dos municípios de Sobral e Coreaú, Nordeste do Brasil. Objetivando a caracterização geotécnica do rejeito, 12 amostras deste material foram coletadas, cada uma pesando em torno de 15 kg, contemplando todas as indústrias de cal existentes na área de pesquisa. Essas amostras foram misturadas e homogeneizadas umas com as outras de modo a comporem uma única amostra. Duas amostras de solos, sendo um arenoso e o outro argiloso, também foram coletadas na região da área. Com esses três materiais foram preparadas 14 amostras de aproximadamente 20 kg. Seis destas amostras foram compostas por misturas de solo arenoso e dosagens gradativas de rejeito, nas proporções em volume de 30, 40, 50, 60, 70 e 80%. As outras amostras, oito, foram constituídas por misturas de solo argiloso com dosagens de rejeito nas proporções de 0, 20, 30, 40, 50, 60, 70 e 80%. Todas as amostras foram submetidas a ensaios geotécnicos para determinação da sua granulometria e dos seus índices de suporte Califórnia (ISC ou CBR), expansão, de plasticidade e de grupo. Em termos de consistência, constatou-se que os valores de CBR das misturas formadas tanto com o solo arenoso quanto com o argiloso, em geral, foram crescentes à medida que se foi aumentando o percentual de rejeito. Por sua vez, a amostra constituída somente de por solo argiloso apresentou CBR de 5%, enquanto a formada pela mistura de solo argiloso com 20% de rejeito o CBR foi de 19%. As demais amostras apresentaram CBR superiores a 52%. Diante dos resultados dos ensaios apresentados pelas amostras estudadas, conclui-se que, ao se incorporar rejeito de caieira ao solo, este adquire significativas melhorias nas suas propriedades físicas, refletidas não só pelo CBR, mas também por outros parâmetros, como expansão, plasticidade (IP) e índice de grupo (IG).

Palavras-chave: Solo-rejeito, caieira, pavimentação, revestimento primário.

Abstract

The objective of the present research focused on a rational agricultural use of the waste lime kiln, consisting of gravel and lime, which come from the activity of production of lime. The area chosen for the study is located on the outskirts of the cities of Sobral and Coreaú, Northeast Brazil. In order to analyse the geotechnical rejects involved in the study, 12 samples of this material were collected, each weighing about 15 kg, originally including all the lime industries of the region. These samples were homogenized and mixed with each other in order to compose a single sample. Two soil samples (sandy soil and clayey soil) were also collectd in the area for analysis. Using these three materials, it was prepared 14 samples of approximately 20 kg each. Six of these samples were composed of mixtures of sandy soil and graded doses of rejects at the ratios of 30, 40, 50, 60, 70 and 80%. With the other samples, eight were composed of mixtures of clay soil with concentrations of rejects in the proportions of 0, 20, 30, 40, 50, 60, 70 and 80%. All samples were subjected to geotechnical testing to determine their particle size and its California Bearing Ratio (CBR), expansion, plasticity and group. In terms of consistency, it was found that the CBR values of the mixtures of both the sandy and clayey soils, in general, were increasing values as a function of the increasing percentage of reject. In turn, the sample consisting of only clay soil showed a CBR of 5%, while that sample consisting of the mixture of clay soil with 20% of reject, the CBR was 19%. The remaining samples had CBR values greater than 52%. Considering the present test results, it could be concluded that the soils supplied with the studied mixed reject samples caused significant improvements in their physical properties which were reflected not only by the CBR values, but also by other parameters such as expansion, plasticity (IP) and group index (IG).

Keywords: geotechnical reject, lime kiln, soil, primary coating.

Sumário

1 Introdução

1.1 Generalidades

A história das civilizações registra que a cal vem sendo usada pelo homem desde tempos remotos, provavelmente a contar dos primórdios da Idade da Pedra. Vale ressaltar que, mesmo tendo deixado marcas importantes quanto a inúmeros aspectos da humanidade, foi a partir da Civilização Egípcia que a cal passou a ter emprego mais efetivo. Porém, sabe-se que só a partir desta civilização o produto passou a ser utilizado, com freqüência, como aglomerante nas construções. E logo sua utilização difundiu-se em outras civilizações, tais como na Grécia, Roma e em outras regiões do Mediterrâneo.

O mais antigo registro do emprego da cal como aglomerante data do ano 5600 a.c., cujo documento arqueológico é uma laje de 25 cm de espessura, encontrada na Iuguslávia. Além deste exemplo, ressalta-se também a famosa via Ápia, histórica rodovia romana, com 288 km de extensão, ligando a cidade de Roma a Brindisi, na costa do mar Adriático, tendo sua construção iniciado no ano de 312 a.c. Feita com pedras, cascalho e cal hidratada, esta estrada romana é até hoje utilizada, pois vem resistindo por mais de 2300 anos ao tráfego de cavalos e carroças dos tempos passados até aos atuais veículos modernos. Inegavelmente, a cal tem sua efetiva contribuição para essa extraordinária durabilidade.

Na Região Norte do Ceará, no Nordeste do Brasil, os municípios de Sobral e Coreaú são portadores de grandes jazimentos de calcário. Estes jazimentos estão enquadrados geologicamente na Formação Frecheirinha, do Grupo Ubajara, datado do Neoproterozóico. O calcário tem sido muito importante para o desenvolvimento socioeconômico da região, com a geração de emprego e renda, através da indústria de cimento Portland e da produção de cal. Vale ressaltar que a produção de cal tem sua importância principalmente pelo aspecto social, uma vez que proporciona trabalho e renda às comunidades produtoras, possibilitando que elas se mantenham no seu lugar de origem, independentemente das variações climáticas. Importante destacar ainda que, embora existam na região alguns fornos contínuos, na grande maioria a produção de cal é feita em fornos rudimentares, do tipo caieira.

Sabe-se que a atividade de produção de cal está associada à geração de rejeitos, compostos da mistura de pedregulhos de sílica e calcário, com cal, cinza e carvão. Esses rejeitos, além de causar possíveis danos ao meio ambiente, em decorrência da formação de acúmulo de entulhos ao redor das caieiras, com o correr do tempo também passam a atrapalhar o bom andamento dos trabalhos de produção de cal. Daí a importância da realização de estudos visando identificar uma destinação útil e econômica para esses resíduos, no sentido de viabilizar o seu aproveitamento e minimizar os riscos de danos ambientais advindos da atividade de produção de cal. A pesquisa objeto desta dissertação teve como foco o aproveitamento do resíduo, constituído da mistura de pedregulho com cal, na pavimentação de estrada vicinal.

1.2 Localização e acessos

A área escolhida para o campo de estudos é uma zona limítrofe dos municípios de Sobral e Coreaú, que abriga respectivamente as comunidades de Pedra de Fogo e Aroeiras, na Região Norte do Ceará, no Nordeste do Brasil. Essa zona abrange uma faixa disposta ao longo da rodovia CE-364, no trecho entre o distrito de Aprazível (rodovia BR-222, km 253), município de Sobral, e a cidade de Coreaú, com extensão de aproximadamente 2km por 11km (Figuras 01 e 02).

Os seus vértices estão localizados nas coordenadas geográficas, conforme o quadro abaixo:

Quadro 1 - Coordenadas geográficas dos Vértices da área de pesquisa

Vértice 1 (V1)	Vértice (V2)	Vértice (V3)
40°38'28" 03°37'47"	40°37'30" 03°37'15"	40°33'53" 03°43'19"

O município de Sobral está situado na região administrativa de Sobral /Ibiapaba. Sua extensão territorial é de 2.122,98 km². A sede do município se encontra a cerca de 223 km a oeste de Fortaleza, capital do Estado do Ceará, pela rodovia BR-222. Coreaú compreende uma área territorial de 775,74km² e sua sede municipal está situada a aproximadamente 274 km a oeste de Fortaleza. Este município está inserido na mesma região administrativa de Sobral.

O acesso à área, a partir de Fortaleza, pode ser feito pelo menos por duas alternativas rodoviárias. Através da rodovia BR-222, até o distrito de Aprazível (Sobral), após percorridos 253 km, de onde continua pela rodovia CE-364 por um percurso de mais 8 km. A segunda opção poderá ser utilizar-se inicialmente a BR-222 até a cidade de Umirim (km 92), seguindo-se daí pela rodovia CE-354, passando pela cidade de Itapipoca e seguindo até Sobral, por um percurso de 285 km, onde se toma novamente a BR-222 por mais 26 km até Aprazível, e prossegue-se daí o mesmo trajeto final descrito acima.

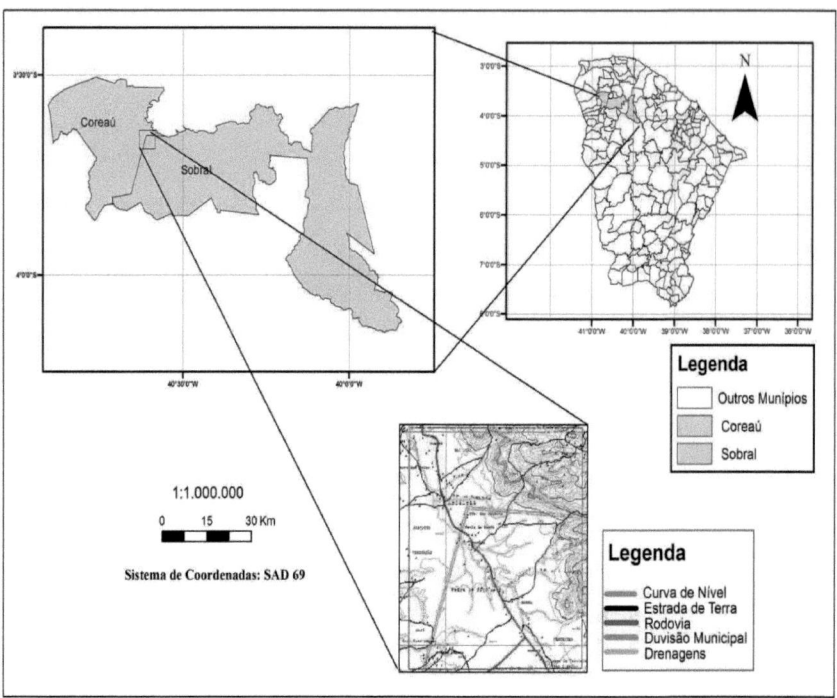

Figura 01 - Mapa de situação da área de pesquisa.

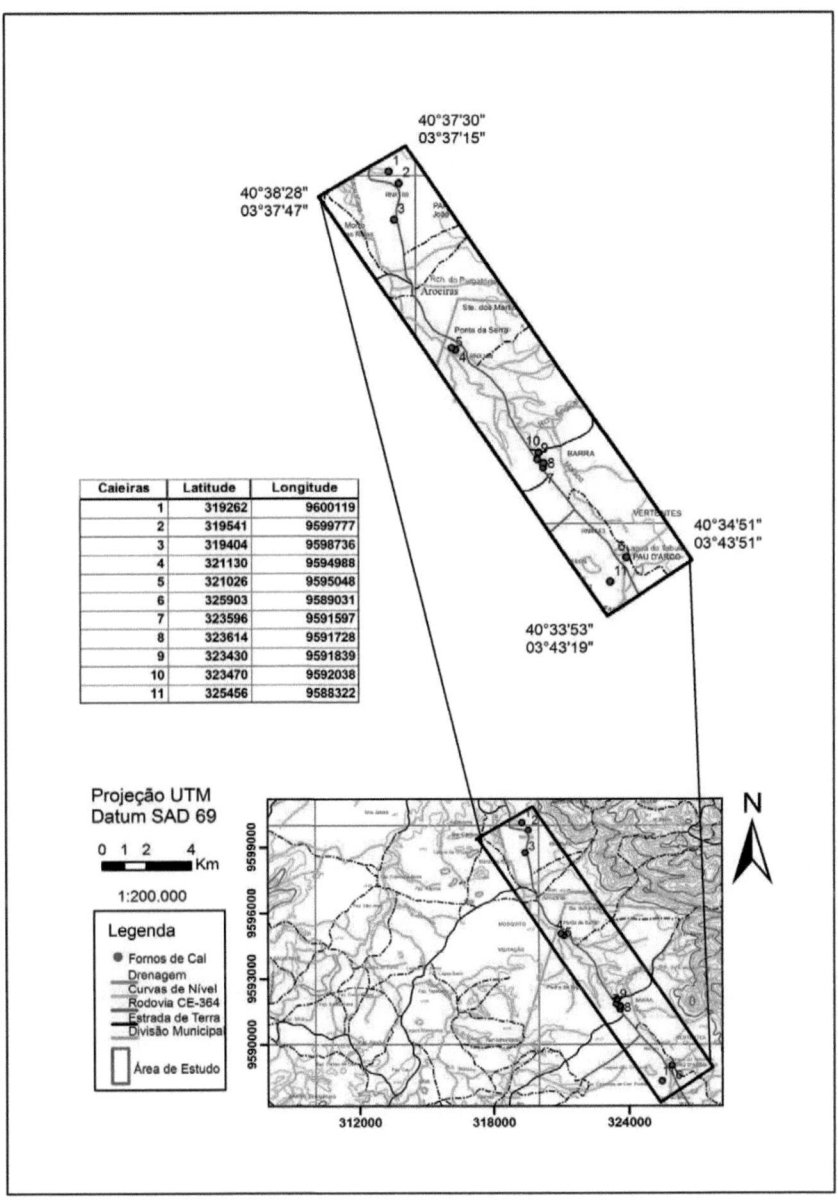

Caieiras	Latitude	Longitude
1	319262	9600119
2	319541	9599777
3	319404	9598736
4	321130	9594988
5	321026	9595048
6	325903	9589031
7	323596	9591597
8	323614	9591728
9	323430	9591839
10	323470	9592038
11	325456	9588322

Projeção UTM
Datum SAD 69

0 1 2   4
■■■■■ Km

1:200.000

Legenda

● Fornos de Cal
Drenagem
Curvas de Nível
Rodovia CE-364
Estrada de Terra
Divisão Municipal

☐ Área de Estudo

N

Figura 02 - Mapa de localização, detalhado, da área de pesquisa e dos fornos de cal.

1.3 Objetivos

1.3.1 Objetivo geral

- Investigar a possibilidade do aproveitamento dos rejeitos de caieira, em misturas com solos, na pavimentação de estradas vicinais, no sentido de mitigar dano ambiental advindo da atividade de produção de cal.

1.3.2 Objetivos específicos

- Incentivar a mitigação dos danos ao meio ambiente advindos da atividade de produção de cal, através da indicação de alternativa para o emprego racional desses resíduos;

- Efetuar caracterização geotécnica de amostras de misturas solo-rejeito, com diferentes dosagens deste resíduo de caieira, com o intuito de apontar a mais adequada para seu emprego na pavimentação de estrada;

- Determinar uma dosagem mínima, necessária e suficiente, do rejeito para composição de mistura com solo que venha apresentar performance satisfatória em termos, principalmente, de sua expansão e índice de suporte Califórnia (ISC ou CBR); e

- Quantificar o aporte do rejeito, constituído da mistura de pedregulho com cal, gerado anualmente na área de pesquisa.

1.4 Justificativa

A Região Norte do Ceará é portadora de importantes e variados tipos de jazimentos de rochas carbonáticas, que vão desde os calcários calcíticos aos de natureza magnesiana. Estes jazimentos estão concentrados em Frecheirinha, Coreaú, Sobral, Santa Quitéria e Forquilha. Nestes municípios, muitas famílias vivem da extração de calcário e produção de cal, predominantemente realizada de forma ainda bastante rudimentar, utilizando-se de fornos do tipo caieira (Figura 03). A exceção dessa forma de produção é a existência de dois fornos contínuos (Figura 04) no município de Coreaú, cada um com capacidade para 20 toneladas de cal hidratada/dia, que proporcionam melhores condições de trabalho, maior produtividade e menor consumo de lenha por tonelada de cal produzida.

Figura 03 - Forno do tipo caieira utilizado na calcinação de calcário. Local Faz. Pau d'arco, comunidade de Pedra de Fogo. (Junho/2010)

Figura 04 - Forno de cal contínuo em Aroeiras, município de Coreaú. (Junho/2010)

A atividade de produção de cal se reverte de fundamental importância social para as comunidades produtoras, por ser uma fonte de emprego e renda para elas. O problema, mesmo sendo aparentemente de pequena relevância, está na geração de acúmulo de rejeitos, compostos de uma mistura de pedregulho, cal, cinza e carvão (Figura 05). Esses resíduos, ao longo do tempo vão sendo depositados ao redor das caieiras, formando amontoados que, além de prejudicar o bom andamento dos trabalhos de produção, causam dano ambiental, de efeito local, principalmente nos aspectos visual e geração de poeiras.

Embora o dano ambiental pareça ser de pequena magnitude, considerou-se necessária a realização de estudos no sentido de que seja encontrada uma alternativa para amenizar esses problemas. Ademais, o aproveitamento dos resíduos de caieira poderá ser mais uma fonte de renda para os produtores de cal. Na busca de atingir esses objetivos, foi realizada a presente pesquisa, tendo como foco a identificação de uma destinação racional e econômica para esses materiais.

Durante os estudos de campo constatou-se que na região esses resíduos têm sido utilizados, com razoável sucesso, para resolver problemas pontuais de atoleiros nas estradas vicinais por onde passam os caminhões que transportam calcários e lenha para as caieiras (Figura 06). Diante dessa experiência empírica, vislumbrou-se a importância e a necessidade da realização de estudos de caracterização geotécnica de misturas solo-rejeito, no intuito de identificar uma dosagem mais apropriada para seu uso, conciliando-se o aspecto técnico com o econômico e ambiental. A mistura de rejeito ao solo tem sua importância na redução dos custos com transporte, uma vez que o solo pode ser retirado das proximidades do local onde ele será empregado.

Figura 05 - Aspecto dos amontoados de rejeito de caieira. Faz. Barra, comunidade de Pedra de Fogo, município de Sobral. (Setembro/2010)

Figura 06 - Utilização de rejeito de caieira na pavimentação de pequeno trecho da estrada Aroeiras-Ubaúna, na margem esquerda do rio Itaquatiara, município de Coreaú. (Dezembro/2009)

Para a viabilização do aproveitamento desses rejeitos, o campo de seu emprego deverá as estradas vicinais das proximidades de sua produção. Essas estradas são fundamentais para incrementar o tráfego veículos e para a viabilidade socioeconômica da produção de cal da região, além de beneficiar a população em geral, usuária destas vias.

2 Características socioeconômicas e geoambientais da região da área de pesquisa

2.1 Características socioeconômicas

O município de Sobral foi constituído em 1772, tendo como base econômica o setor primário, composto mais especificamente pela agricultura e a pecuária. Segundo o Instituto de Pesquisa e Estratégia Econômica do Ceará – IPECE (2009), a população do município, projetada para 2007, é de 155.276 habitantes, sendo 86,62% residentes na zona urbana. Sua densidade demográfica é de 65,08 habitantes/km². Estes dados são baseados nos estudos do Instituto Brasileiro de Geografia e Estatística – IBGE (censo de 2000). Segundo dados mais atualizados do IBGE (censo 2010), a população deste município é de 181.010 habitantes. A sede do município é considerada um centro regional, dada a sua representatividade histórica, política e econômica no contexto estadual. Cidade-polo da Região Norte do Ceará, Sobral aglutina atividades comerciais, industriais e até mesmo a assistência médica e hospitalar, para onde recorre boa parte dos habitantes dos municípios vizinhos.

No tocante à atividade de mineração, em Sobral destacam-se a Companhia de Cimento Portland do Grupo Votorantim, indústrias cerâmicas, mineração e indústria de granito, bem como atividade artesanal de produção de cal. Vale ressaltar que a relevância da atividade de produção de cal está no aspecto social, pela ocupação de mão-de-obra e geração de renda, bem como pela importância na manutenção do homem do campo no seu lugar de origem. Fora do âmbito da mineração, destaca-se a fabricação de calçados, da empresa Grendene, de fundamental importância na economia do município, gerando milhares de empregos e divisas. No ano de 2006, segundo o IPECE, o Produto Interno Bruto (PIB) de Sobral foi de R$ 1.527.504.000,00, tendo a agropecuária participação de 2%, a indústria com 41,01% e o setor de serviços com 57%. O Índice de Desenvolvimento Municipal (IDM) neste mesmo ano foi de 59,33.

Quanto a Coreaú, este é um município que ainda apresenta baixo IDM. Sua economia é baseada no comércio e serviços, agricultura e pecuária de subsistência, bem como nos repasses do Fundo de Participação dos Municípios (FPM), além dos programas sociais do Governo Federal. Na agricultura cultivam-se, basicamente, o milho, feijão e o arroz. A pecuária se constitui basicamente da criação de bovinos, ovinos, caprinos e suínos, complementada com a criação de aves como galinha, capote e pato. O município foi instituído no ano de 1702, tendo como suporte econômico a agricultura e pecuária. Sua população, projetada para 2007, é de 21.171 habitantes, com uma densidade demográfica de 25,76 habitantes / km², conforme o IPECE (2009). Dados do IBGE mais recentes (censo 2010), apresentam para este município uma população de 21.773 habitantes.

A indústria também tem participação na economia deste município, embora seja composta de pequenas unidades de cunho familiar ou microempresas, representadas pelas atividades como padaria, serraria, pré-moldados de cimento, fabricação de cal, cerâmica, etc. Ainda segundo o IPECE, no ano de 2006, seu PIB foi de R$ 49.343.000,00, tendo a agropecuária participação de 10,34%, a indústria com 8,98% e o setor de serviços com 80,68%. Neste mesmo ano, o município registrou um IDM de 24,6.

2.2 Características geoambientais

2.2.1 Geomorfologia

O relevo dominante nos municípios de Sobral e Coreaú é o do tipo ondulado, alternando pequenos e estreitos vales com elevações suaves. As variações geomorfológicas estão condicionadas às mudanças das características litológicas, e em parte, à tectônica regional. As feições geomorfológicas são caracterizadas pelas unidades de relevo Depressão Sertaneja, Maciços Residuais e Planícies Fluviais (IPECE, 2007).

A Depressão Sertaneja ou Superfície Sertaneja constitui a paisagem típica do semiárido nordestino e abrange a maior parte da área do Estado do Ceará, representando cerca de 60%. Com altitudes que não ultrapassam os 400 m, ela se encontra encravada entre os maciços residuais cristalinos o que, conjuntamente com o regime pluviométrico, favorece a intensificação da semiaridez e o desenvolvimento da floresta de caatinga. A área de estudo objeto desta dissertação se encontra inserida nesta feição geomorfológica.

Os Maciços Residuais compreendem as serras, que são constituídas de rochas do embasamento cristalino. Ocupam extensões variadas e se encontram de forma dispersa dentro da Depressão Sertaneja. Apresentam altitudes oscilando entre 450 e 700 m, podendo alcançar até 900 m e, raramente, ultrapassam os 1000 m. Estes maciços compõem um conjunto de relevos montanhosos compartimentados em blocos isolados, separados entre si pelas Depressões Sertanejas. As vertentes de barlavento, voltadas para leste, apresentam alto índice de umidade pluviométrica e chuvas orográficas.

As Planícies Fluviais se configuram de um relevo também conhecido como várzea. São resultantes de deposições sedimentares que se formaram nas margens dos rios. Revertem-se de importância significativa, principalmente no que se refere ao aspecto econômico, para o semiárido. Isto decorre da destacada fertilidade natural do solo, favorecendo o cultivo agrícola e que, consequentemente, propicia o adensamento populacional nessas áreas. Na microrregião de Sobral, a planície fluvial mais importante é a do rio Acaraú, que drena boa parte do seu território, passando pela cidade de Sobral. Por sua vez, a planície fluvial de maior destaque da microrregião de Coreaú é a do próprio rio Coreaú.

2.2.2 Clima

A região da área de pesquisa apresenta um clima típico do semiárido do Nordeste brasileiro. Registra temperaturas que variam entre 26°C (média das mínimas) e 28°C (média das máximas). As chuvas ocorrem normalmente no período de janeiro a maio, registrando médias pluviométricas históricas anuais para o município de Sobral de 821,6 mm e para Coreaú 992,1 mm (IPECE,2009).

2.2.3 Solos

De acordo com o Mapa Exploratório de Solos, na escala 1: 1.000.000, do Projeto RADAMBRASIL (1981) e considerando-se a classificação da Empresa Brasileira de Pesquisa Agropecuária – EMBRAPA (1999), a região da área de pesquisa é caracterizada pedologicamente pelos solos Neossolos Litólicos Eutróficos, Luvissolos Crômicos, Planossolo Háplico e Argissolo Vermelho-Amarelo Distrófico.

Neossolos Litólicos Eutróficos – são caracterizados por solos muito profundos, bem drenados, de textura média a argilosa. Apresentam baixa fertilidade, devido normalmente a problemas de acidez. Na região da área de pesquisa estes solos ocorrem amplamente. Podem ser observados ao longo da rodovia CE-364, ocupando uma faixa de aproximadamente 10 km de largura, com direção geral N-S, se estendendo desde o norte da cidade de Coreaú até 5 km a sul do distrito de Aprazível. Também são encontrados formando uma estreita faixa irregular de cerca de 3 km de largura, com direção N-S, indo desde os domínios da serra da Penanduba até os arredores do distrito de Ubaúna. Fazem-se presentes ainda numa longa faixa abrangendo o sopé leste da serra da Meruoca/Rosário, indo desde Aprazível, se estendendo na direção SW-NE, passando a leste da cidade de Sobral.

Luvissolos Crômicos – são solos com seqüência de horizontes A, Bt e C, rasos a moderadamente profundos, geralmente argilosos, de textura em blocos angulares e subangulares. Apresentam fertilidade de média a alta, argila de atividade alta, alta saturação de bases e podem conter na sua composição mineralógica elevada teores de minerais primários facilmente alteráveis, constituindo-se em nutrientes para as plantas. São encontrados ocupando uma pequena área de formato aproximadamente arredondado, com diâmetro em torno de 5 km, localizado a cerca de 5 km a NW de Aprazível, tendo início na CE-364 e daí se estendendo para oeste, sendo seccionada pelo riacho Trapiá.

Planossolo Háplico – trata-se de solos moderadamente profundos a rasos, com seqüência de horizontes A, E, Bt e C, apresentando estrutura prismática no horizonte B, que se quebra em blocos angulares. Apresentam textura média e argilosa Estes solos possuem normalmente argila de atividade alta, saturação de bases alta, saturação com sódio nos horizontes Bt e/ou C. São muito susceptíveis a erosão. Apresentam ainda limitações ao uso devido à problemas físicos, deficiência de água e da saturação com sódio nos horizontes subsuperficiais. São encontrados numa estreita faixa ao longo do rio Coreaú, iniciando logo ao sul da cidade deste mesmo nome e se estendendo, com mais abrangência, para norte.

Argissolo Vermelho – Amarelo Distrófico – referem-se a solos profundos a muito profundos, bem drenados, de textura argilosa. Apresentam relevo plano a fortemente ondulado. Sua fertilidade varia de média a alta, saturação de bases superior a 50% e alta capacidade de troca de cátions. Encontram-se constituindo uma estreita faixa seguindo as proximidades leste da rodovia CE-364, iniciando-se nas redondezas da cidade de Coreaú, indo até Aprazível. Formando uma ampla mancha, ocorre também nos domínios geológicos da serra da Meruoca / Rosário. Vale ressaltar que o solo argiloso utilizado na pesquisa foi coletado nos domínios desta categoria pedológica.

2.2.4 Vegetação

A cobertura vegetal é típica da caatinga do Nordeste brasileiro, caracterizada por espécies xerófitas, de folhas pequenas e caducifólias e subcaducifólias, em sua maioria apresentando espinhos. É composta basicamente por pau d'arco amarelo (*Tabebuia serratifolia*), jurema preta (*Mimosa acutiotipula*), sabiá (*Mimosa caesalpiniaefolia*), marmeleiro (*Croton sp.*), angico (*Piptadenia macrocarpa*), imburana de espinho (*Bursera leptophloeos*), catingueira (*Caesalpinia pyramidalis*), mofumbo (*Combretum leprosum*), pau-branco (*Picconia excelsa*), pereiro (*Aspidosperma pyrifolium*) e carnaubeira (*Copemica cerifera*), além dos cactos xique-xique (*Cereus gounellei*) e mandacaru (*Cereus iamacaru*). Estas espécies vegetais são dominantemente de baixo porte, arbustivas ou rasteiras (Figura 07).

Nas zonas aplainadas de solo arenoso, mormente nas áreas de aluvião ou Planícies Aluviais, a associação vegetal é menos xerófita. Aqui os tipos vegetais mais comuns são o juazeiro (*Ziziphus joazeiro*), a oiticica (*Clarisia racemosa*), e plantas frutíferas cultivadas, como a mangueira (*Mangifera indica* L.) e o cajueiro (*Anacardium occidentale)*, constituindo estreitas faixas verdes às margens dos principais cursos d'água (Figura 08).

Figura 07 -Aspectos da vegetação da região da área de pesquisa. Aroeiras, município de Coreaú. (Dezembro/2009). Observe-se também uma frente-de-lavra de calcário em atividade.

Figura 08 - Vegetação da mata ciliar à margem direita do rio Itaquatiara, localidade de Ponta da Serra, município de Sobral. (Setembro/2010)

2.2.5 Hidrografia

Os municípios de Sobral e Coreaú são banhados pelas bacias hidrográficas, respectivamente dos rios Acaraú e Coreaú.

A bacia hidrográfica do rio Acaraú tem como principais afluentes os rios Jaibaras, Groaíras e Jucurutu, e os riachos Boqueirão, dos Macacos, Jatobá, Madalena, da Roça e dos Porcos. A rede de drenagem, como um todo, apresenta padrão preferencialmente dendrítico, com rios e riachos intermitentes, possuindo lâmina d'água apenas no período chuvoso. Os níveis d'água mais elevados são atingidos entre os meses de março e maio, coincidindo em parte com a época de maior pluviosidade. Atualmente os rios Acaraú e Groaíras estão perenizados, respectivamente pelas águas dos açudes Paulo Sarazate (Araras) e Edson Queiroz (Serrote). O rio Acaraú nasce no município de Monsenhor Tabosa, na Serra das Matas e deságua no Oceano Atlântico, em Acaraú-CE, passando pela cidade de Sobral. Abrange 27 municípios, banhando uma área de cerca de 14.000 km², o que representa 10% da área do Estado do Ceará. A Bacia do Acaraú tem como reservatórios mais importantes os açudes Paulo Sarazate, Edson Queiroz, Ayres de Sousa, Forquilha e o Taquara (IPECE, 2009).

A Bacia do rio Coreaú tem como tributários mais importantes os rios Juazeiro, Caiçara e Itaquatiara e os riachos Fundo, do Meio, do Saco, Cajazeiras, Jatobá e Mela Pinto. O rio Coreaú nasce na cuesta da chapada da Ibiapaba, no município de Ibiapina e deságua no Oceano Atlântico, na cidade de Camocim-CE, após um percurso de aproximadamente 180 km, passando pela cidade de Coreaú. Os principais reservatórios da bacia são os açudes Trapiá, Angicos e o Boqueirão. Este último pereniza o rio Juazeiro, um dos tributários da bacia, da sua margem esquerda (IPECE, 2009).

Com base nos estudos de campo, em termos locais, a hidrografia da área de pesquisa desta dissertação está condicionada à sub-bacia do rio Itaquatiara e do seu principal afluente, o riacho da Pedra de Fogo. Estes cursos d'água são tributários da margem direita do rio Coreaú. O rio Itaquatiara nasce na encosta oeste da Serra do Rosário, que faz parte do batólito granítico Meruoca-Rosário. A partir do sopé desta serra o curso d'água corre pela planície, no domínio geológico das formações Coreaú e Frecheirinha, do Grupo Ubajara. A rede de drenagem está condicionada às litologias, pois a maioria das correntes d'água é encaixada em fraturas das rochas constituintes da litologia da área.

3 Aspectos geológicos

No que tange à geologia da região da área de pesquisa, ela está caracterizada pela sua inclusão na Região de Dobramentos do Médio Coreaú. Esta região de dobramentos corresponde a um Cinturão Orogênico que engloba variada gama de litótipos, de distintas idades e origens, numa mesma unidade tectônica. Esta unidade, juntamente com o Maciço de Granja, ocupa toda a porção do extremo noroeste do Ceará, e está situada a norte do lineamento Sobral- Pedro II.

Segundo o Projeto Jaibaras (COSTA, 1973), desenvolvido pela Companhia de Pesquisa de Recursos Minerais – CPRM, a região norte do Ceará teve sua geologia estudada por diversos pesquisadores. De acordo com este trabalho, os primeiros estudos geológicos da região devem-se a Small (1914 apud COSTA, 1973), que fazem referência aos arenitos castanhos que afloram no trajeto Ibiapina – Sobral, tendo o autor adotado o termo "Série Serra Grande" para os arenitos, conglomerados e calcários da região de Ubajara. Enquanto William (1926 apud COSTA, 1973) refere-se aos afloramentos de calcários da mesma região, correlacionando-os com litologias semelhantes do rio São Francisco, pertencentes à Formação Bambuí, e menciona também as camadas de quartzitos e xistos dobradas dos flancos da Ibiapaba, correlacionando-os à Série Ceará definida por Crandall (1910 apud COSTA, 1973). Oliveira e Leonardos (1943 apud COSTA, 1973) utilizaram, pela primeira vez, o termo "Série Jaibaras", referindo-se a afloramentos de conglomerados, arcóseos, arenito e folheiro vermelho arroxeado ou verde e calcário cinza-escuro, equiparando-a, com reservas, à Série São Francisco-Bambuí, tida como do Siluriano. Posteriormente, Mabessune et al. (1971 apud COSTA,1973), em uma revisão da geologia da região, individualizaram novas unidades litoestratigráficas no âmbito do "Grupo Bambuí", sendo este composto por duas formações: uma, inferior, englobando os calcários, denominando-os de Formação Bambuí; e outra, superior, englobando ardósias vermelhas e quartzitos, denominando-a de Formação Caiçaras.

O Projeto Jaibaras (COSTA, 1973) apresentou para o "Grupo Bambuí" uma estrutura que até hoje vem sendo adotada, subdividindo-o em quatro formações: Trapiá, Caiçaras, Frecheirinha e Coreaú, que constituem um pacote rochoso de pelo menos de 3.900m de espessura, onde predominam grauvacas, arenitos arcoseanos, calcários, ardósias e quartzitos.

O Projeto RADAMBRASIL (BRASIL – MME, 1981) propôs uma redefinição para as unidades litológicas tidas como pertencentes ao "Grupo Bambuí", passando a adotar para esta unidade o termo Grupo Ubajara. Assim, sua nova conceituação passa a representar uma associação litológica composta de três unidades litoestratigráficas, constituídas pelas formações Trapiá, Caiçaras e Frecheirinha.

O Mapa Geológico do Ceará (Figura 09), escala 1: 500.000 (CPRM, 2003) mantém a denominação de Grupo Ubajara, adotada pelo Projeto RADAMBRASIL (BRASIL-MME,1981), porém representando-o pelas mesmas unidades litoestratigráficas adotadas pelo Projeto Jaibaras (COSTA,1973): Formação Trapiá, Caiçaras, Frecheirinha e Coreaú, as quais foram caracterizadas conforme determinadas a seguir. Este grupo está situado geocronologicamente no Neoproterozóico (650 - 850 Ma.).

Formação Trapiá - Constituída dominantemente de quartzitos pardo e cinza escuro, intensamente fraturados, com cimento silto-argiloso. Ao longo da zona axial da serra da Penanduba, de direção NE-SW, predominam bancos espessos de quartzitos maciços geralmente grosseiros, de cores claras até branco leitoso, com níveis conglomeráticos intercalados. São de ambiente deposicional litorâneo-fluviomarinho.

Formação Caiçaras - Ocorre em forma de espessos pacotes de ardósias vermelhas e roxo-avermelhadas, laminadas e apresentando clivagem ardosiana bem desenvolvida. Os elementos clásticos grosseiros são representados por pacotes de ortoquartzitos de até 20 metros de espessura, granulação grosseira e até conglomerática, de cores claras as vezes impregnados de óxido de ferro.

Formação Frecheirinha – É constituída por bancos de calcário intensamente cortado por veios de calcita e sílica, exibindo sempre superfícies de dissolução peculiar. O calcário apresenta granulação fina, colorações preta, cinza-azulada, cinza-escura e, mais raramente, creme e rósea, bastante impuro, com eventuais intercalações de delgados bancos margosos, metassiltitos e quartzitos finos e escuros. A área de pesquisa, objeto desta dissertação, se encontra inserida nos domínios geológicos desta Formação e em parte da Formação Coreaú.

Formação Coreaú - Constituída de arenitos arcoseanos finos, bem classificados, de cores creme e cinza-clara, com raras tonalidades ferruginosas, e grauvacas cinza-esverdeadas, com variações para tipos líticos e conglomeráticos. Estratigraficamente, esta formação encontra-se posicionada sobreposta, de forma concordante, aos calcários da Formação Frecheirinha, geralmente com contatos transicionais.

O Quaternário está representado por sedimentos aluviais e coluviais, constituídos, essencialmente, por argilas, argilas arenosas, areias quartzosas, argilas orgânicas e cascalhos. Estes sedimentos estão localizados ao longo dos vales dos principais cursos d'água da região.

Mais recentemente, Torquato e Nogueira Neto (1996) apresentaram um resumo histórico-estratigráfico e evolutivo da Região de Dobramentos do Médio Coreaú, dividindo-a em sete principais unidades litoestratigráficas, conforme descritas a seguir.

- Grupo Jaibaras: representado por uma unidade molássica com intercalações de rocha vulcânicas, posicionado sob a forma de Graben e sobreposto em discordância ao Grupo Ubajara, de isócrona Rb/Sr, em rocha total, de 535 ± 27 Ma, (apud TORQUATO; NOGUEIRA NETO, 1996);

- Grupo Ubajara: inclui pelitos-psamitos, arenitos-grauvacas, com isócrona Rb/Sr em rocha total, de 550 ± 30 Ma (apud TORQUATO; NOGUEIRA NETO, 1996);

- Granito Chaval: sinorogênico, fortemente cisalhado, de idade Rb/Sr em rocha total, de 507 ± 27 Ma (apud TORQUATO; NOGUEIRA NETO, 1996);

- Grupo Martinópole: constituído por filitos, xistos, carbonatos impuros, metavulcânicas e quartzitos miloníticos, todos metamorfisados no fácies xisto-verde. Dados U/Pb em zircões, de metacalcários intercalados aos metassedimentos revelam idade do Neoproterozóico ($808 \pm 7,8$ Ma) para o período da sedimentação (apud TORQUATO; NOGUEIRA NETO,1996);

- Grupo São Joaquim: esta unidade litoestratigráfica é composta por metaquartzitos (1.500m de espessura) e várias intercalações de orto e paragnaisses (apud TORQUATO; NOGUEIRA NETO, 1996);

- Faixa granulítica Granja: caracterizada pela presença de khondalitos, gnaisses charnokiticos, enderbitos e granulitos máficos, de idade determinada por Pb/Pb em vaporação de zircões, de aproximadamente 2.000 Ma (apud TORQUATO; NOGUEIRA NETO,1996); e

- Ortognaisses: de composição diorítica, tonalítica e granodiorítica, os quais podem representar o embasamento Pré-brasiliano retrabalhado, e apresentam idades, Pb/Pb por evaporação de zircões, que variam de 2.020 a 2.250 Ma, paragnaisses das imediações da cidade de Granja (apud TORQUATO; NOGUEIRA NETO,1996).

- Em termos locais, a área da pesquisa se encontra inserida, geologicamente, nos domínios do Grupo Ubajara, representado pela Formação Frecheirinha e, de modo mais abrangente, pela Formação Coreaú.

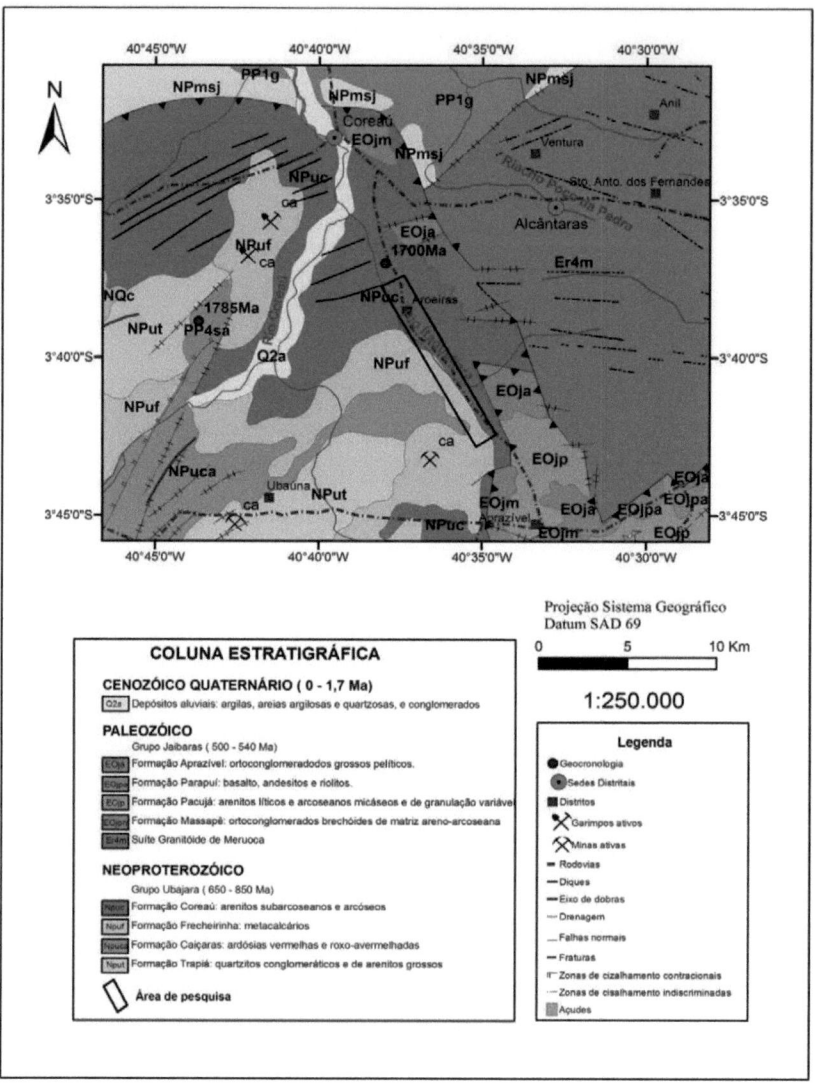

Figura 09 - Mapa geológico da área de pesquisa. Mapa Base: Mapa Geológico do Estado do Ceará (BRASIL / CPRM, 2003). Escala 1:500.000.

4 Fundamentação teórica

Rangel (1980) destaca que uma "Rede de Estradas", quando necessária e economicamente viável, pode ser inclusive pavimentada, aumentando assim o padrão operacional do sistema. Entende-se como pavimento a construção de uma estrutura sobre o leito da estrada, que varia na espessura e no tipo dos materiais utilizados na sua construção, tendo como finalidade: a) resistir e distribuir ao terreno os esforços verticais provenientes do tráfego; b) resistir aos esforços horizontais, tornando a via relativamente durável; c) melhorar as condições de rolamento, proporcionando segurança de tráfego em qualquer época do ano. Vale lembrar que a palavra pavimento é logo confundida com asfalto ou coisa semelhante. No entanto, pavimento significa a construção de uma estrutura sobre o leito de uma estrada com a aplicação de materiais em disponibilidade, podendo ser terroso, químico, etc. e que proporcione um custo operacional menor do que se estivesse a referida estrada em sua forma primitiva.

Segundo Santos (2008), a rede brasileira de estradas de rodagem alcança um total de aproximadamente 1.800.000 quilômetros, dos quais cerca de 1.600.000 correspondem a estradas vicinais e rurais de terra. Somente no Estado de São Paulo, o estado mais desenvolvido do país, a rede rodoviária total atinge cerca de 200.000 quilômetros, dos quais perto de apenas 27.000 correspondem a rodovias pavimentadas, ou seja, menos de 15% do total. Grande parte de nossa produção agrícola e agroindustrial é ainda transportada, especialmente nos trechos iniciais de suas rotas, por estradas de terra. No entanto, a metodologia atualmente adotada pelo poder público, principalmente as prefeituras municipais, para abertura e conservação das estradas de terra tem sido equivocada. Um exemplo disso é o emprego da raspagem sistemática, que vem transformando essas vias em verdadeiros córregos. Isto, com o passar do tempo, acaba inviabilizando o tráfego de veículos e até mesmo de pessoas a pé. A maneira técnica, econômica e ecologicamente correta seria a sua conservação com a adoção do trabalho de tapa-buraco. Este trabalho deve ser feito com o emprego de material terroso de boa qualidade e cujo serviço acompanhado por profissional treinado na execução desse tipo de obra.

Dificilmente um engenheiro brasileiro formado mais recentemente, incluindo aquele proveniente de escolas de engenharia, tidas como as melhores do país, saberá projetar uma obra como um "pano de pedra" para proteção superficial de taludes, um revestimento primário em estradas não pavimentadas, pequenos aterros/barragem. Enfim, todo um enorme elenco de obras e soluções de caráter simples, de extrema eficiência técnica e perfeita compatibilidade ambiental e social. É como se, por um motivo qualquer, a engenharia brasileira (engenharia, arquitetura, geologia, agronomia) tivesse passado a associar o conceito de obras simples ou, em um sentido mais abrangente, de soluções simples com a imagem de tecnologias ultrapassadas e/ou ineficientes. (SANTOS,2008)

Conforme ainda Santos (2008), a adoção intempestiva da tecnologia de conservação apoiada na ilusória eficiência da "patrolagem" sistemática implicou na contínua raspagem/remoção da camada de solos de melhor qualidade compactada pelo tráfego. Em decorrência deste processo, desencadeia-se um progressivo aprofundamento da estrada (pista em caixão), dificultando a drenagem, expondo camadas de solo cada vez menos consistentes e potencializando extraordinariamente os processos erosivos destrutivos e o assoreamento de drenagens naturais. Em consequência disso, a rede de estradas de terra constitui hoje a principal causa do assoreamento de córregos e represas rurais. Enfim, um verdadeiro desastre tecnológico para nossa rede de estradas de terra, ajudando muito a explicar o atual lamentável estado em que elas se encontram.

Resende (2003) relata que no início das construções das rodovias do Brasil foram utilizados materiais granulares para a execução de camadas de base e sub-base em grande escala, tendo como parâmetro técnico especificações e metodologias adotadas em outros países. Em consequência disto, hoje em dia esses materiais já não são facilmente encontrados. A possibilidade de se utilizar materiais locais ou abundantes nos centros urbanos gera a redução no custo da distância de transporte, dando origem aos chamados pavimentos econômicos ou de baixo custo. Dentre os materiais alternativos que podem ser aplicados em base e sub-base de pavimentos, estão os solos estabilizados granulométrica ou quimicamente para proporcionar a melhoria de suas propriedades físicas. O aproveitamento destes materiais, além de proporcionar a redução dos danos ambientais, possibilita a execução de pavimento de baixo custo e de desempenho satisfatório.

Ainda de acordo com Resende (2003), a estabilização química de solo geralmente ocorre devido à reação da cal com um solo de granulometria média a fina. Isto proporciona mudanças na plasticidade e expansão do solo, bem como aumento na sua trabalhabilidade e na resistência ao cisalhamento (apud LIMA et al., 1993). Logo, o ganho na capacidade de suporte do solo se torna um dos principais efeitos da estabilização. O autor também ressalta que, quando a cal é misturada ao solo, ocorrem variadas reações químicas simultaneamente, destacando-se a troca catiônica, floculação, carbonatação e reações de sedimentação (apud HERRIN & MITCHEL, 1961). Além disso, a adição de um percentual significativo de cal ao solo provoca aumento na solubilidade da sílica e da alumina e elevação do pH das misturas. Quando a cal é adicionada a um solo, uma troca de cátions ocorre com o cálcio da cal, substituindo os cátions trocáveis (K, Mg e H) na superfície do argilomineral. Reações pozolâmicas também podem ocorrer entre o solo e a cal, dependendo das características naturais dos solos, que resultam na formação de vários compostos cimentantes. Esses compostos são desenvolvidos ao longo do tempo e aumentam a resistência e a durabilidade da mistura. A cal reage com a sílica ou a alumina do solo para formarem um gel. A troca de cátions, floculação e aglomeração são as reações responsáveis pela mudança na plasticidade, contração e trabalhabilidade do solo, enquanto a reação pozolâmica é responsável pelo aumento da sua resistência.

Pereira, Machado e Lima (2006) verificaram que vários fatores influenciam na execução e na performance de camadas de pavimentos rodoviários constituídas de solos estabilizados quimicamente. Dentre esses fatores, destaca-se a homogeneização da mistura no período de tempo decorrido entre esta e a compactação; com o passar do tempo o pavimento fica mais estável. Além do mais, a escolha do equipamento de compactação também se configura em fator importante. Neste artigo é abordada a influência do tempo decorrido entre a mistura e a compactação nos parâmetros de compactação e na resistência mecânica de dois solos típicos da Zona da Mata de Minas Gerais, com resíduo de celulose, denominado **grits**. Trata-se de um resíduo resultante do processo de recuperação da soda cáustica, na etapa de cozimento de cavaco de madeira de eucalipto, para produção de celulose. O interesse de fazer experimento geotécnico com este material foi em razão de seus constituintes químicos, em especial o CaO (óxido de cálcio), que demonstraram potencial para estabilização química de solo para construção de estrada.

De acordo com Caputo (1977), o ensaio para determinação da umidade ótima e do peso específico máximo de um solo é o ensaio de Proctor, proposto em 1933 pelo engenheiro americano que lhe deu o nome. Este ensaio é conhecido como ensaio normal de Proctor (ou AASHO Standard), padronizado pela Associação Brasileira de Normas Técnicas - ABNT em seu MB-33. Este ensaio consiste em compactar uma amostra dentro de um recipiente cilíndrico, com aproximadamente 1.000cm^3, em três camadas sucessivas, sob a ação de 25 golpes de um soquete pesando 2,5kg, caindo de uma altura de 30 cm. O ensaio é repetido para diferentes teores de umidade, determinando-se, para cada um deles, o peso específico aparente. Com os valores obtidos traça-se a curva **Peso específico = f (h),** de onde se obterá o ponto correspondente à umidade (h) ótima e a densidade máxima.

Velho (2005) faz um relato sobre a importância dos calcários e seus derivados no desenvolvimento industrial e melhoramento das condições de vida das pessoas. Como ressalta este autor, à simplicidade mineralógica dos calcários corresponde um leque extremamente vasto de aplicações, umas baseadas em suas propriedades físicas, outras em suas propriedades químicas. Provavelmente, na atualidade o calcário é a rocha industrial mais versátil e mais importante. Sua extensa gama de aplicações vai desde as indústrias de construção civil, passando pelas de papel, plásticos, tintas e cosméticos até a de indústria química.

Limaverde *et al.* (1987) ressaltam que a queima ou calcinação do calcário se dá quando a unidade produtora se destina à produção de cal. Nos processos de calcinação de calcário, basicamente se dispõe de dois tipos de fornos: as caieiras e os fornos contínuos : verticais, rotativos, horizontais e leito fluidizado. As caieiras são fornos rudimentares edificados, essencialmente, de dois modos de construção: de barranco e de amontoada. Na do tipo barranco os blocos de calcário são arrumados de forma circular, junto a uma alvenaria de tijolos, construída numa escavação de meia encosta. A caieira de amontoada tem a mesma técnica de barranco, porém é menos eficiente, pois é construída em terreno plano; para reduzir a perda de calor lateral, recebe reboco externo com barro amassado. Os fornos verticais são corpos cilíndricos, construídos de alvenaria, com altura que pode variar de 4 a 24 m, com volume útil de até 200 m³.

Segundo ainda Limaverde et al.(*1987.*), quanto ao aspecto do consumo dos calcários e dolomitos e seus derivados, há três grandes campos de sua aplicação: a) indústria, principalmente os segmentos de metalurgia, química, saneamento, celulose e papel, alimentos, borracha, pigmentos, tintas e outros; b) construção civil, especialmente no campo das estruturas, estradas de rodagem, pistas de aeroportos, etc.; c) agricultura, com ênfase na calagem dos solos agricultáveis, melhoramento dos solos florestais, na proteção de aviários, etc.

Oliver (2009), em seu artigo sobre calcário, apresenta a classificação da Secretaria de Fiscalização Agropecuária, constante na Portaria SEFIS nº3, de 12/06/1986, segundo a qual os calcários são divididos, quanto à concentração de óxido de magnésio (MgO), nas seguintes categorias:

- Calcário calcítico – teor de MgO menor que 5%
- Calcário magnesiano – teor de MgO entre 5 e 12%
- Calcário dolomítico – acima de 12% de MgO

Falcão Bauer (1994) define cal como sendo um nome genérico de um aglomerante simples, resultante da calcinação de rochas calcárias, que se apresenta sob diversas variedades, com características resultantes da natureza da matéria-prima empregada e do processamento conduzido. Basicamente, a transformação de um calcário em cal decorre de reações químicas desencadeadas pelo processo de calcinação. O carbonato de cálcio, submetido à ação do calor à temperatura aproximada de 900ºC, decompõe-se em óxidos de cálcio e anidridos carbônicos. Este processo é definido pela seguinte equação:

$$CaCO_3 + calor \rightarrow CaO + CO_2$$

O produto desta reação chama-se cal viva ou cal virgem. Para tornar-se aglomerante, utilizado na construção, o óxido de cálcio (cal viva) deve ser hidratado, transformando-se em hidróxido, através da reação:

$$CaO + água (H_2O) \rightarrow Ca(OH)_2$$

Este processo é conhecido como extinção da cal e o seu produto é denominado de cal hidratada ou cal extinta. Conforme a sua composição química, a cal é classificada em dois tipos: cal cálcica, quando apresenta um mínimo de 75% de CaO; e magnesiana, com no mínimo de 20% de MgO.

Segundo Guimarães (1998), a adição de cal ao solo é uma das mais antigas técnicas utilizadas pelo homem para obter-se a estabilização ou melhoria dos solos instáveis. Porém, esta técnica havia caído no esquecimento ou desuso por um longo período. Seu emprego foi retomado na década de 1920 e hoje em dia seu emprego e consumo representam uma cifra de grande expressão. A técnica de uso da cal se baseia na inter-reação de elementos presentes no solo, dos componentes do meio ambiente e da cal adicionada. O solo influi com seus componentes principais, como argila e quartzo; o meio ambiente exerce influência com os fatores temperatura, água e ar; enquanto a cal influencia com seus fatores de cálcio e magnésio.

Conforme ainda Guimarães (*1998*), fazendo uma exposição histórica, o ser humano conhece a cal desde os primórdios da Idade da Pedra (Período Paleolítico). Mesmo diante de evidências da presença da cal ao longo da maior parte da existência do homem, somente a partir da civilização egípcia foi que o produto começou a surgir com freqüência nas construções. Do Egito a arte de manipular a cal passou para Roma e outras regiões do Mediterrâneo e circunvizinhanças. A história registra que a mais antiga aplicação desse produto como aglomerante data do ano 5600 a.C., documentada numa laje de 25 cm de espessura, encontrada no pátio da Vila de *Lepenke-Vir,* hoje Iugoslávia. Outro exemplo histórico da utilização da cal é a construção da Via Ápia, famosa estrada romana, que teve seu início no ano de 312 a.c., cujo pavimento foi constituído em quatro camadas, com o emprego de pedra, cascalho, areia e cal, cuja extensão é de 288 km. Esta via até hoje ainda oferece, em alguns trechos, condições de tráfego, após 2.300 anos de utilização. É inegável que o emprego da cal na sua construção contribuiu para esta extraordinária durabilidade.

Ainda de acordo com Guimarães (1998), a cal, virgem e hidratada, está entre os dez produtos de origem mineral de maior consumo mundial. Isto é devido à multiplicidade de suas aplicações. O produto ganha ainda maior expressão quando se conhece o amplo leque de setores industriais e sociais que dele se utilizam, graças à sua dupla capacidade: reagente químico e aglomerante-ligante. No entanto, é difícil seguir a trilha deixada pela cal ao longo da evolução das civilizações. Participando como coadjuvante, o produto raramente figura nas crônicas históricas que revela as obras e serviços que testemunham o desenvolvimento do homem ao longo dos tempos. Porém, mesmo através de referências apenas esporádicas dos historiadores, o certo é que a cal deixou marcas indeléveis em vários aspectos da vida humana.

Tomando-se como referência esta Fundamentação Teórica, a pesquisa objeto desta dissertação foi direcionada para a investigação da influência do resíduo, composto de pedregulho e cal, na estabilização de solo. Tendo como foco maior a mitigação de dano ambiental, a pesquisa visou o aproveitamento desse rejeito na pavimentação de estrada vicinal incentivando, assim, a retirada dos entulhos desses resíduos que se acumulam ao redor dos fornos de cal.

5 Materiais e métodos

5.1 Materiais

Na área de pesquisa existem dois tipos de fornos utilizados na operacionalização da queima (calcinação) do calcário: o forno contínuo e a caieira. O forno contínuo é carregado (alimentado) de calcário pela sua porção superior, através de equipamento semimecanizado, com o emprego de caçamba basculante com capacidade de 100 kg, içada verticalmente por força de um motor elétrico. Neste caso, o processo de calcinação do calcário não precisa ser interrompido para a realização de um novo carregamento, pois à medida que a cal virgem é retirada, pela sua parte inferior, o forno é realimentado através de uma janela existente na sua porção superior, localizada entre a chaminé e a câmara de calcinação. A caieira é um forno rudimentar, construído pelos próprios produtores de cal. É carregada manualmente, arrumando-se as pedras de calcário uma a uma, de modo a formar uma abóbada por sobre a fornalha. Portanto, este tipo de forno funciona de forma intermitente, por um período de sete dias, envolvendo as atividades de carregamento, calcinação (três dias e meio), e o restante do tempo é gasto com esfriamento e descarregamento (retirada da cal virgem). O combustível utilizado pelos produtores de cal para calcinação do calcário é a lenha, constituída de madeira da floresta de caatinga.

Na realização da pesquisa objeto desta dissertação, fez-se uso do rejeito de caieira, composto da mistura de pedregulho com cal, gerado no processo de produção de cal. O interesse pela investigação geotécnica, no sentido do aproveitamento desse rejeito, deve-se à constatação da presença de cal (CaO), junto com pedregulho, que demonstra potencial para a estabilização química de solos.

Para realização de ensaios geotécnicos, foram coletadas 12 amostras de rejeito, cada uma pesando em torno de 15 kg, sendo 10 amostras nas caieiras e duas no forno contínuo comunitário de Aroeiras. Também foram coletadas, na área de pesquisa, duas amostras de solo, sendo uma de solo areno-siltoso de coloração creme e a outra de um solo areno-silto-argiloso de coloração avermelhada (Argissolo Vermelho-Amarelo Distrófico), pesando cada uma cerca de 90 kg. A coleta das amostras de rejeito, bem como das de solos, teve como objetivo a composição de amostras de solo-rejeito, com diferentes dosagens do rejeito, para serem submetidas a ensaios de caracterização geotécnica de laboratório (Figura 10).

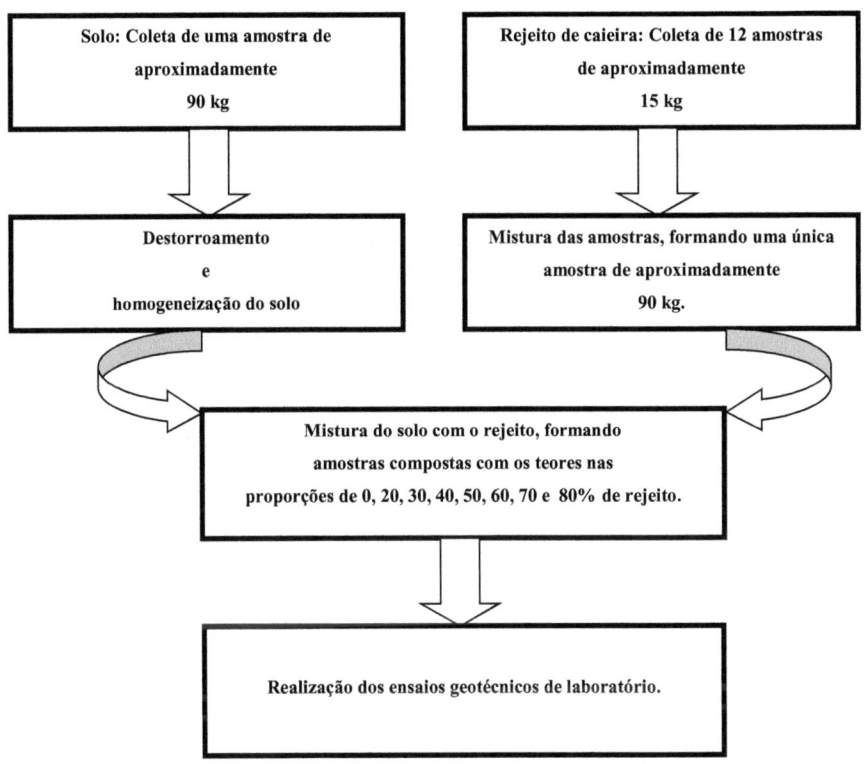

Figura 1 - Fluxograma de preparação das amostras de solo rejeito para ensaios geotécnicos

Nos meses de julho e dezembro de 2009 e janeiro e junho de 2010 foram realizados estudos de campo, com o intuito de quantificar o volume do rejeito de caieira gerado anualmente. Para isto, foi necessário primeiramente fazer-se um levantamento "*in loco*" junto aos produtores de cal quanto ao volume de cal produzido mensalmente na área de pesquisa.

A matéria-prima empregada na produção de cal é o calcário sedimentar, da Formação Frecheirinha. Dados sobre as características químicas básicas desse calcário, levantados junto aos arquivos do DNPM e da Companhia de Desenvolvimento do Ceará – Codece, revelaram teores médios de 50,23% para CaO e de 1,99% para MgO. Estes dados foram extraídos de laudos de análises de nove amostras desse calcário, coletadas nas redondezas da área objeto desta dissertação. Com base na classificação constante na Portaria SEFIS nº3, de 12/06/1986 (apud OLIVER, 2009), o calcário Frecheirinha, é caracterizado como de natureza calcítica, uma vez que o seu teor médio de MgO (1,99%) se encontra abaixo de 5%.

5.2 Métodos

As 12 amostras de rejeito coletadas na área de pesquisa foram misturadas manualmente, de modo a compor uma única amostra homogênea, de aproximadamente 180 kg. Em seguida, partes deste material foram juntadas a porções dos solos, coletados também na área, formando dois conjuntos de amostras de solo-rejeito, cada uma destas pesando cerca de 20 kg. Um desses conjuntos foi composto com o solo arenoso e o outro com o argiloso.

Inicialmente, cada conjunto de amostras foi formado com seis amostras, sendo estas compostas com os seguintes percentuais em volume de rejeito: 30, 40, 50, 60, 70 e 80%. Estes valores foram calculados sobre o volume dos componentes de cada amostra dos materiais secos. Após esta preparação, as amostras foram submetidas a ensaios geotécnicos de laboratório, para determinação da sua granulometria, limite de liquidez (LL), índice de plasticidade (IP), índice de grupo (IG), umidade ótima (hot), densidade máxima (dmáx.), expansão, grupo HRB (Highway Research Board) e índice de suporte Califórnia (ISC) ou "California Bearing Ratio" (CBR).

Visando tornar mais facilmente compreensível o diagnóstico dos resultados dos ensaios geotécnicos a que foram submetidas as amostras de solo-rejeito, a seguir são definidos os índices considerados parâmetros determinantes na caracterização de um material terroso de emprego na construção de pavimento de estradas e obras similares. Esses parâmetros são o índice de suporte Califórnia (ISC / CBR), expansão, índice de plasticidade (IP), classificação HRB e o índice de grupo (IG).

Índice de suporte Califórnia (ISC ou CBR). Mede a resistência de penetração de um corpo de prova feito de solo na umidade ótima, mediante puncionamento na face superior da amostra, de um pistão de aproximadamente 5 cm de diâmetro. Esse pistão é movimentado sob a força de uma prensa mecânica que gira com velocidade de penetração de 1,25 mm/min. (Figura 11). Umidade ótima é aquela em que um solo ao ser compactado atinge densidade máxima. Os ensaios foram realizados aplicando-se a energia intermediária, que consiste na compactação de um solo, realizada à medida que o corpo de prova é preparado, em cinco camadas iguais, aplicando-se em cada uma delas 26 golpes de um soquete metálico de 4,5 kg, caindo de uma altura de 45 cm (Figura 12).

O Departamento de Edificações e Rodovias do Governo do Estado do Ceará (DER/CE, 2005) considera aceitável para base de pavimentos um solo com CBR a partir de 25%, com a aplicação da energia intermediária e, para Revestimento Primário, um solo com CBR a partir 18% já é considerado de qualidade satisfatória, embora recomende um valor a partir de 20%. O DER/CE define Revestimento Primário como "camada de solo estabilizado, sobreposta ao leito de uma estrada, que seja capaz de oferecer uma superfície de rolamento com qualidade superior à do solo existente na via a ser pavimentada".

Figura 2 - Equipamento utilizado no ensaio de determinação do CBR de uma amostra de solo compactada.

Figura 3 - Cilindro metálico utilizado no ensaio de compactação do solo.

O ensaio de índice de suporte Califórnia (ISC ou CBR) – NBR 9895 (ABNT, 1987) define a relação, em percentagem, entre a pressão exercida por um pistão de diâmetro padronizado necessária à penetração no solo até determinado ponto (0,1" e 0,2") e a pressão necessária para que o mesmo pistão penetre a quantidade em solo-padrão de brita graduada. Através do ensaio CBR é possível conhecer-se qual será a expansão de um solo sob um pavimento quando este estiver saturado, bem como saber a perda de resistência do solo com a saturação. Apesar de ter um caráter empírico, o ensaio de CBR é mundialmente difundido e serve de base para o dimensionamento de pavimentos flexíveis.

Compactação (ensaio NBR 7182 0 ABNT, 1968). É um método de estabilização de solo que se dá por aplicação de alguma forma de energia (impacto, vibração, compressão estática ou dinâmica). Seu efeito confere ao solo um aumento de seu peso específico e da sua resistência ao cisalhamento, assim como confere a ele uma diminuição dos índices de vazios, permeabilidade e compressibilidade. Através do ensaio de compactação é possível obter-se a correlação entre o teor de umidade e o peso específico seco de um solo, quando compactado com determinada energia. O ensaio mais comum é o de Proctor (Normal, Intermediário ou Modificado), que é realizado através de sucessivos impactos de um soquete, padronizado, na amostra.

Expansão é o índice que determina a capacidade de um material de se expandir ao absorver água. O ensaio para medir a expansão de um solo é feito moldando-se um corpo de prova, com umidade ótima. A expansão final é determinada ao término de quatro dias, durante os quais a amostra fica mergulhada dentro de um depósito de água (Figura 13). Esta propriedade geotécnica é dada em porcentagem, em relação à altura inicial do corpo de prova. O DER/CE recomenda uma expansão abaixo de 1% para base de pavimento; abaixo de 2% para sub-base; e o máximo de 3% para subleito.

O índice de plasticidade (IP) é definido pela diferença entre os limites de liquidez – LL (ensaio NBR 6459 - ABNT, 1988) e o de plasticidade – LP (ensaio NBR 7180 - ABNT, 1988). IP = LL – LP. Caracteriza o solo no estado plástico, sendo máximo para as argilas e mínimo ou nulo para as areias. Ele fornece um critério para avaliar o caráter argiloso de um solo; quanto maior o IP, mais plástico é o solo.

A classificação HRB caracteriza os solos em grupos e subgrupos, cujos critérios são baseados na sua granulometria e plasticidade. Os grupos A-1, A-2 e A-3 caracterizam solos granulares e os grupos A-4, A-5, A-6 e A-7 correspondem a solos finos. Esta classificação serve de parâmetro que aponta se o solo com tal característica se presta para determinada obra de terra; dependendo das especificações técnicas do seu projeto de construção.

Figura 4 - Depósito (tanque) de água utilizado para imersão dos cilindros contendo amostras de solo compactadas, para medir a expansão do material.

O índice de grupo (IG) é representado por um número inteiro, que varia de 0 a 20. Define a capacidade de suporte do terreno de fundação de um pavimento. Assim, os valores extremos representam solos ótimos, quando IG = 0, e péssimos se o IG = 20. Este índice é função da porcentagem do material fino que passa na peneira 200 mesh, do limite de liquidez (LL) e do índice de plasticidade do solo (IP). Um solo com IG entre 0 e 4 é classificado como granular.

Para determinação da resistência mecânica das misturas solo-rejeito, foi utilizado o ensaio CBR normatizado pelo Departamento Nacional de Estradas e Rodagem - DNER (1994), que atualmente é o Departamento Nacional de Infraestrutura e Transporte – DNIT. Os ensaios para determinação do CBR (DNER- 049/94) dessas amostras, dosadas de forma bem homogênea, foram realizados aplicando-se a energia de compactação do Proctor intermediário, que é o método mais recomendável, tecnicamente, para caracterização de solo destinado a pavimentação de estrada.

O Proctor intermediário é um ensaio que consiste na compactação de um solo. São utilizadas amostras deformadas, não reusadas, do material passado na peneira ¾" (19 mm). O ensaio é feito utilizando-se corpos- de- prova moldados em cilindros metálicos com capacidade de 1.000 cm^3 de volume. A compactação do solo é processada à medida que o corpo- de- prova é preparado, em cinco camadas aproximadamente iguais, aplicando-se em cada uma dessas camadas 26 golpes de um soquete metálico de 4,5 kg, caindo de uma altura de 45 cm. Para determinação do CBR e da expansão do solo foram realizados testes geotécnicos em cinco corpos- de-prova, que é o mínimo recomendável, com solo apresentando teores crescentes de umidade, para a composição de cada um deles.

Vale salientar que, para viabilização técnica e econômica do aproveitamento dos rejeitos de caieira na pavimentação de estradas, o foco foram as vias localizadas a pouca distância da fonte de produção desses resíduos, visando reduzir custos com transporte de material. Por se tratar de estradas de pouco movimento de veículos, a sua pavimentação pode ser feita com revestimento primário, popularmente conhecido como "empiçarramento", que é relativamente de baixo custo operacional. Para construção de um pavimento desta natureza, o material terroso mais adequado é aquele que dispõe da propriedade de agregar suas partículas constituintes, o que proporciona à estrada uma boa superfície de rolamento. No entanto, o solo não pode ser muito fino e/ou muito argiloso para construção de pavimento, por apresentar normalmente baixa consistência e alta expansão.

Diante das razões acima expostas, considerou-se de interesse da pesquisa que o solo argiloso fosse estudado com mais detalhe, uma vez que este tipo de solo, se estabilizado, adquire propriedades físicas mais adequadas para construção de pavimento de rodovia com revestimento primário. Analisando-se os resultados dos ensaios geotécnicos do conjunto de amostras com o solo argiloso e rejeito, constatou-se que a amostra de menor percentual de rejeito (30%), apresentou um CBR bem expressivo (63%). Em decorrência desta constatação, preparou-se uma nova amostra de solo argiloso, com percentual menor desse resíduo, desta feita com 20%, que foi submetida aos mesmos ensaios geotécnicos.

Objetivando melhor aquilatar o efeito do rejeito na estabilização do solo, foram realizados ensaios geotécnicos também em uma amostra de 20 kg do mesmo solo argiloso, porém sem a mistura desse resíduo (Amostra 08, quadro 03). Desta forma, além das 12 amostras, inicialmente preparadas e analisadas geotecnicamente, mais duas foram estudadas perfazendo, assim, 14 amostras submetidas a esses ensaios, sendo 13 de solo-rejeito e uma de solo argiloso, sem mistura de rejeito.

6 Resultados e discussão

Um levantamento realizado na área de pesquisa, com o intuito de quantificar o volume de rejeito de caieira, revelou que na área existem nove caieiras em funcionamento, cada uma produzindo em média cerca de 52,50t de cal hidratada por fornada. Cada caieira produz aproximadamente entre duas e quatro fornadas/mês, dependendo da demanda comercial de cada produtor. Além dessas caieiras, na área existe também um forno contínuo, que produz diariamente em torno de 20,00t, ou 600,00t/ mês de cal hidratada. Contabilizando-se as produções das nove caieiras e do forno contínuo, tem-se um montante de aproximadamente 1.950,00t de cal por mês (Tabela 01). Isto representa uma cifra anual de 23.400,00t de cal hidratada. Através desse levantamento, foi possível fazer-se uma estimativa do volume de rejeito, constituído de pedregulho e cal, gerado pelas indústrias de cal que funcionam na área.

Diante dos resultados deste estudo, chegou-se à conclusão de que a geração mensal de rejeito, resultante do processo de peneiramento da cal hidratada, na peneira de 20 mm de malha, é de 20% sobre a produção de cal bruta (antes de ser peneirada). Trata-se do produto retido nessa peneira. Desta forma, conclui-se que o aporte mensal desse resíduo é de 390,00t /mês, o que representa um montante de 4.680,00t/ano.

Os resultados dos ensaios geotécnicos das 13 amostras de solo-rejeito e a do solo argiloso (sem rejeito) estão expressos nas fichas de ensaios de laboratório, do Departamento de Edificações e Rodovias do Governo do Ceará-DER/CE (apêndices 01 e 02). Nas tabelas 02 e 03 estão apresentados os resumos dos resultados dos ensaios geotécnicos das amostras, respectivamente constituídas com o solo arenoso e com o argiloso, constando os principais índices físicos investigados em cada amostra estudada. A realização desses ensaios, empregando-se dois tipos de solo, teve o intuito de possibilitar uma análise comparativa dos seus resultados, expressando o efeito estabilizante do rejeito de caieira em cada um deles.

Tabela 01: Localização das caieiras e do forno contínuo, e produção mensal de cal.

N° de Ordem	Local	Coordenadas em UTM	Unidade produtiva (caieira)	Produção de cal/mês (t)
1	Vila Basílio/Coreaú	0319262 9600119	Chico Isaias	90
2	Vila Basílio /Coreaú	0319541 9599777	Forno comunitário	600
3	São Raimundo/ Coreaú	0319404 9598736	Isauro	210
4	Ponta da Serra/ Sobral	0321130 9594988	Nem I	157,5
5	Ponta da Serra/ Sobral	0321026 9595048	Nem II	157,5
6	Pedra de Fogo / Sobral	0325903 9589031	Debalde	Paralisada temporariamente
7	Pedra de Fogo/ Sobral	0323596 9591597	Raimundo Ximenes	105
8	Pedra de Fogo/ Sobral	0323614 9591728	Zé Gerardo	157,5
9	Pedra de Fogo/ Sobral	0323430 9591839	Roberto	210
10	Pau d'Arco / Sobral	0323470 9592038	Francion	105
11	Pau d'Arco/ Sobral	0325456 9588322	Elivar	157,5
TOTAL				1.950,00 t /mês

Tabela 02: Caracterização geotécnica de amostras compostas de solo arenoso + rejeito.

Amostra	Rejeito (%)	Solo (%)	CBR ou ISC (%)	Expansão (%)	IP	Classificação HRB	IG
1	80	20	89	0	NL	A – 1 – b	0 (zero)
2	70	30	74	0	NL	A – 1 – b	0 (zero)
3	60	40	72	0	NL	A – 2 – 4	0 (zero)
4	50	50	64	0	NL	A – 2 – 4	0 (zero)
5	40	60	61	0	NL	A – 1 – b	0 (zero)
6	30	70	52	0	NL	A – 1 – b	0 (zero)

Tabela 03: Caracterização geotécnica de amostras compostas de solo argiloso + rejeito.

Amostra	Rejeito (%)	Solo (%)	CBR/ ISC (%)	Expansão (%)	IP	Classificação HRB	IG
1	80	20	77	0,16	NL	A – 2 – 4	0
2	70	30	73	0,39	NL	A – 2 – 4	0
3	60	40	79	0,28	NL	A – 4	0
4	50	50	64	0,09	NL	A – 4	2
5	40	60	60	0,08	NL	A – 4	3
6	30	70	63	0,16	NL	A – 4	4
7	20	80	19	0,24	8,4	A – 6	3
8	0	100	5	0,55	14,2	A-7 - 6	9

Diante dos resultados dos ensaios, verificou-se que mesmo uma mistura com o solo arenoso de apenas 30% do resíduo de caieira, o CBR foi de 52%. Este índice já qualifica a mistura com esta composição dentro dos padrões de uma boa matéria-prima para construção de base de pavimento asfáltico de rodovia. Já os ensaios realizados nas seis amostras compostas com solo argiloso e as mesmas proporções de rejeito (30, 40, 50, 60, 70 e 80%), revelaram que a amostra que apresentou menor índice de suporte foi aquela constituída com 30% desse resíduo, cujo CBR foi de 63%. Este índice é também um valor considerado bem acima do mínimo aceitável para construção de base de pavimento de estrada, que é de 25%, aplicando-se a energia intermediária.

Analisando-se os dados de laboratório, verificou-se que, ao se misturar o rejeito de caieira ao solo, este adquire uma maior resistência física, medida pelo índice de suporte Califórnia (ISC ou CBR). Isto ocorre devido à estabilização química, proporcionada pela incorporação do rejeito ao solo. Também foi observado que, dependendo do tipo de solo, se arenoso ou argiloso, o rejeito proporciona a estes materiais uma diferente resistência física, para um mesmo percentual adicionado (figuras 14 e 15). Portanto, é de se esperar que a tendência geral seja a de que quanto maior o percentual de rejeito participante da mistura, maior seja o seu CBR. No entanto, nos estudos com solo argiloso, principalmente, as amostras 02, 03, 05 e 06, constituídas com misturas, respectivamente, de 70, 60, 40 e 30% de rejeito, apresentaram resultados que não condizem com esta tendência retilínea esperada.

Assim, a amostra 02, mesmo com um teor maior de rejeito (70%), apresentou CBR (73%) menor que o da amostra 03 (79%), enquanto a 05, com 40% de rejeito, exibiu um CBR (60%) menor que o da amostra 06 (63%), composta com apenas 30% do resíduo (Figura 15).

Objetivando esclarecer dúvidas ou verificar se houve erro nos procedimentos de preparação das amostras e/ou dos ensaios de laboratório, quatro novas amostras foram preparadas com as mesmas dosagens de rejeito. Os resultados apresentados por estas amostras foram basicamente os mesmos que os apresentados pelas primeiras amostras ensaiadas; mantendo-se aqui, portanto, os mesmos dados expressos nos primeiros ensaios.

Com o intuito de reduzir ainda mais os custos com transporte de material, sem comprometer a qualidade técnica da obra, foi preparada e analisada geotecnicamente mais uma amostra de solo argiloso, desta feita com apenas 20% de rejeito. Os resultados dos seus ensaios revelaram um CBR de 19%, expansão (0,24%) abaixo de 1 e índice de grupo (IG) 4, o que implicam tratar-se de um material ainda dentro dos padrões geotécnicos satisfatórios, para construção de rodovia com revestimento primário.

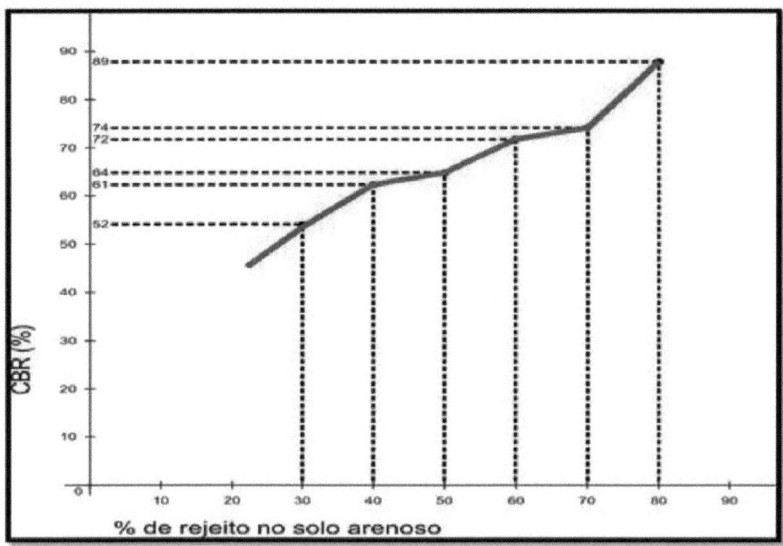

Figura 5 -: Efeito do rejeito de caieira na estabilização do solo arenoso.

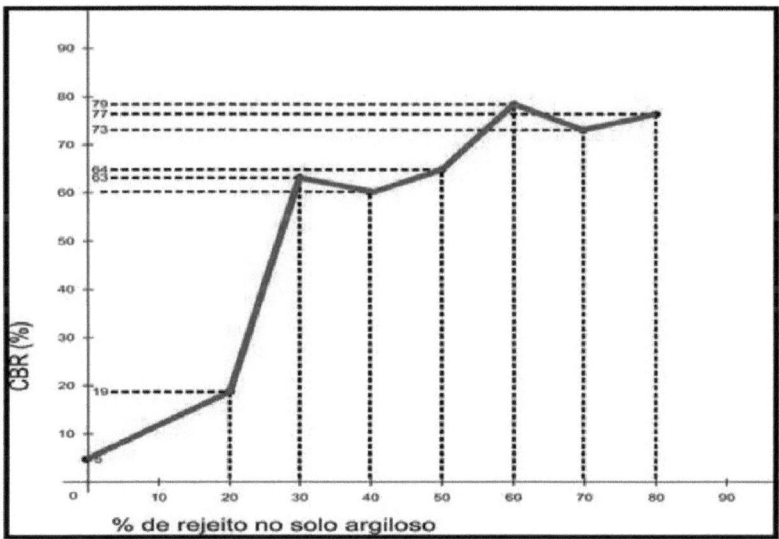

Figura 6 - Efeito do rejeito de caieira na estabilização do solo argiloso.

Para evidenciar, mais claramente, o efeito do rejeito de caieira na estabilização química do solo, uma amostra de 20 kg do mesmo solo argiloso, utilizado na composição das amostras acima referidas, foi submetida aos ensaios geotécnicos, revelando um CBR de 5%. Este valor já é suficiente para expressar o fator estabilizante desse resíduo, pois a incorporação de apenas 20% deste material elevou o CBR de 5% para 19%.

Buscando-se emitir um diagnóstico abalizado da qualidade de um solo para seu emprego na pavimentação de estrada, quanto ao aspecto geotécnico, considera-se suficiente que sejam tomados como parâmetros os índices de suporte Califórnia (CBR), expansão e o seu índice de grupo (IG), revelados nos ensaios geotécnicos. Este fato é em decorrência de tratar-se de parâmetros que refletem os demais fatores físicos das amostras. Analisando-se os resultados dos ensaios, tanto das amostras compostas de solo arenoso, assim como daquelas constituídas de solo argiloso, conclui-se que o emprego do resíduo incorporado ao solo proporciona a este uma boa performance de estabilização, refletida principalmente pelos índices CBR, expansão e IG.

O aproveitamento do rejeito de caieira, além de acarretar em um significativo benefício ao meio ambiente, com a eliminação ou redução dos entulhos e a conseqüente mitigação da poeira por eles gerada, viria contribuir para a viabilização e melhoramento do tráfego de veículos das estradas vicinais. A limpeza dos arredores das caieiras viria também proporcionar o melhoramento das condições de trabalho dos produtores de cal. Ademais, com o surgimento da demanda, os rejeitos de caieiras, que atualmente formam acúmulos de materiais inúteis e incômodos, poderão se constituir em mais uma fonte de renda para o produtor de cal, uma vez que esses materiais passariam a ter valor comercial.

Para se ter um parâmetro do consumo de rejeito de caieira, fez-se uma avaliação matemática do volume deste material necessário para pavimentação de um quilômetro (1 km) de estrada vicinal, através de revestimento primário. Com esses dados, foi elaborada uma estimativa da extensão de estrada que poderia ser construída com o material gerado anualmente dentro dos limites da área de pesquisa. Conforme resultados dos estudos geotécnicos, as 13 amostras de solo-rejeito ensaiadas apresentaram, depois de compactadas, uma média das densidades máximas de 1.800 kg/m³.

Considerando-se um índice de empolamento de 40%, 1 m³ deste material quando solto (antes de ser compactado) teria um volume de 1,40 m³

e, uma densidade de aproximadamente 1.286 kg/m³ (1.800kg/1,40 m³). Portanto, com base nesses dados, para se construir um pavimento com 20 cm de espessura de solo-rejeito compactado, faz-se necessária uma camada de 28 cm de espessura deste material, solto. Assim, a construção de um quilômetro (1 km) de pavimento, com seis metros (6m) de largura, requer um volume de 1.680 m³ (0,28 m x 6 m x 1.000 m) da mistura solo-rejeito. Levando-se em conta o emprego de apenas 20% de rejeito para composição dessa mistura, com solo argiloso, conclui-se que a construção de **1 km** de estrada implica num consumo de **336 m³** desse resíduo. Conforme apurado durante os trabalhos de pesquisa de campo, o volume de rejeito gerado anualmente na área de estudo é de 4.680 t. Para uma densidade avaliada em 1.286 kg/m³ (1,286 t/m³), conforme acima definida, 4.680 t representam um volume de aproximadamente 3.639 m³. Diante desses cálculos, conclui-se que o acúmulo de rejeito que se formam, durante um ano, ao redor dos fornos de cal é suficiente para a construção de **10,83 km** (3.639m³/336m³) de estrada por ano, com as especificações técnicas acima descritas.

7 Conclusões e recomendações

7.1 Conclusões

A amostra de solo arenoso, contendo apenas 30% do rejeito de caieira, apresentou um CBR de 52%, enquanto a constituída com o solo argiloso e mesmo teor de resíduo, esse parâmetro foi de 63%. Isto significa que estes índices, mesmo sendo de solos contendo apenas 30% de rejeito, caracterizam esses materiais como sendo muito bons para o seu emprego na construção de pavimento de estrada. Assim, conclui-se que esses resíduos que se acumulam ao redor das caieiras, hoje sem nenhuma utilidade, poderão vir a ser aproveitados com sucesso, do ponto de vista técnico, na pavimentação de estrada.

A pesquisa objeto desta dissertação é considerada inovadora por apontar alternativa no sentido do aproveitamento econômico e racional dos rejeitos de caieira. Diante dos resultados dos ensaios geotécnicos, conclui-se ainda que um solo argiloso com mistura de apenas 20% do rejeito já constitui um material terroso de características geotécnicas dentro dos padrões aceitáveis para construção de pavimento de estrada vicinal, através de revestimento primário.

Do ponto de vista técnico e econômico, a mistura ao solo argiloso de 30 ou até 20% de rejeito torna o aproveitamento do resíduo bastante vantajoso. Além dessa mistura se constituir numa matéria-prima de boa qualidade, os custos com transporte serão significativamente reduzidos, uma vez que 70% ou até 80% do volume de material a ser empregado poderão ser composto de solo retirado do local próximo à obra.

As amostras de misturas, constituídas tanto com o solo arenoso quanto com o argiloso apresentaram, de um modo geral, CBRs crescentes, à medida que se foi aumentando o percentual de rejeito. Assim, para aquelas com solo arenoso, o CBR mínimo foi de 52% (com 30% de rejeito) e o máximo foi de 89% (com 80% de rejeito). Enquanto as amostras compostas de solo argiloso apresentaram CBR mínimo de 63%, para aquela com 30% de rejeito, e um CBR de 77% para a constituída, com o mesmo percentual (80%) do rejeito.

Analisando-se os dados revelados pelos ensaios geotécnicos, conclui-se também que, ao se incorporar rejeito de caieira ao solo, este adquire significativas melhorias nas suas propriedades físicas, refletidas não só pelo CBR, mas por outros parâmetros também relevantes, como os índices de expansão, de plasticidade (IP) e de grupo (IG). Os estudos geotécnicos apontaram ainda que um solo argiloso, usualmente imprestável para construção de pavimento, quando misturado ao rejeito de caieira, apresenta performance nas suas propriedades físicas que o tornam adequado para essa finalidade.

Procedendo-se um diagnóstico dos resultados dos trabalhos de pesquisa objeto desta dissertação, verifica-se que a eficácia do uso do rejeito de caieira na estabilização de solo é fato aqui comprovado.

7.2 Recomendações

Na preparação das amostras para serem submetidas aos ensaios geotécnicos, era de se esperar que à medida que se fosse aumentando o percentual de rejeito ao solo, este iria adquirindo uma maior consistência, proporcionada pelo efeito estabilizante desse resíduo. Assim, quanto maior o percentual de rejeito incorporado ao solo, maior deveria ser o seu CBR, de modo a apresentar um crescimento retilíneo deste índice. Porém, com o solo argiloso, por exemplo, isto não se configurou.

Embora os resultados da pesquisa não deixem dúvidas quanto à performance do rejeito de caieira na estabilização dos solos, recomenda-se que, em outra oportunidade, as investigações geotécnicas sejam aprofundadas, com o objetivo maior de dirimir as dúvidas acima relatadas.

Para assegurar-se do controle e confiabilidade dos procedimentos dos ensaios geotécnicos utilizados, considera-se necessário que novas amostras sejam investigadas, e que essas amostras sejam compostas com os mesmos tipos de solo e os mesmos percentuais de rejeito que as já analisadas. Ademais, que os ensaios sejam procedidos em pelo menos três réplicas de amostras, com o intuito de que os resultados de cada amostra sejam expressos com base na média dos respectivos índices geotécnicos que venham a ser apurados nessas investigações.

8 Referências bibliográficas

ABNT – Associação Brasileira de Normas Técnicas. Rio de Janeiro – RJ, 2005.

BRASIL/Embrapa – Empresa Brasileira de Pesquisa Agropecuária, CNPS: Classificação Nacional e Pesquisa de Solo. **Classificação de solo.** Fortaleza – CE, 1999.

BRASIL/CPRM – Companhia de Pesquisa de Recursos Minerais. **Mapa Geológico do Estado do Ceará**, na escala 1: 500.000 – convênio MME/CPRM. – Governo do Estado do Ceará/ Secretaria de Recursos Hídricos. Fortaleza - CE, 2003.

BRASIL/IBGE – Instituto Brasileiro de Geografia e Estatística. Censo Demográfico de 2010. Disponível em www.censo2010.ibge.gov.br. Acessado em 16/08/2011.

BRASIL/MME. **Projeto RADAMBRASIL.** Folha SA. 24, Fortaleza; geologia, geomorfologia, pedologia, vegetação e uso potencial da terra. Rio de Janeiro, 1981. 448p.

CAPUTO, H. M. **Mecânica dos Solos e Suas Aplicações.** V.1 – 3ª Edição. Rio de Janeiro, 1977. 242p.

CEARÁ/Codece – Companhia de Desenvolvimento do Ceará. Relatório Final de Pesquisa de Calcário (Processo DNPM 800.089/89). Fazenda Ponta da Serra. Coreaú – CE. Fortaleza – CE, 2000.

CEARÁ/ IPECE – Instituto de Pesquisa e Estratégia Econômica do Ceará. **Perfil Básico Municipal.** Fortaleza – CE, 2009. Disponível em http://www.ipece.ce.gov.br Acessado em 27/5/2010.

CEARÁ/DER – Departamento de Edificações e Rodovias. Especificações Gerais para Serviços, Obras Rodoviárias. Fortaleza – CE, 2000.

COSTA, M. J. *et al.* **Projeto Jaibaras** – Relatório Final. DNPM – CPRM. Recife-PE, 1973.

FALCÃO BAUER, L. A. **Materiais de Construção.** Vol.1. Editora LTC. Rio de Janeiro, RJ. 1994.

GUIMARÃES, J.E.P. **A Cal - Fundamentos e Aplicações na Engenharia Civil.** Associação Brasileira dos Produtores de Cal – São Paulo, 1998, 285p.

LIMAVERDE, J. de A.; Souza, E. T. de Gomes; F. de A. L. **A Indústria de Calcários e Dolomitos no Nordeste.** Banco do Nordeste do Brasil. Fortaleza – CE, 1987.

OLIVER, E .N. e SILVA, A. R. P. **Informações e Trabalhos sobre Calcário.** Sindicato dos produtores de cal – SINDICAL. São Paulo – SP. 2009. Site: http://www.sindical.com.br/informações.htm. Acessado em 20/08/2009

PEREIRA, R. S.; MACHADO, C.C.; LIMA, de D.C. **Compactação de misturas solo-grits para emprego em estradas florestais: influência do tempo decorrido entre mistura e compactação na resistência mecânica.** R. Árvore, Viçosa – MG, v.30, n.3, p.421-427, 2006.

TORQUATO, J. R. F.; NOGUEIRA NETO, J. de A. **Historiografia da Região de Dobramentos do Médio Coreaú.** Revista Brasileira de Geociências. São Paulo-SP, 1996. V.26, n.3, p. 305-314.

RANGEL, A. C. R. **Pavimentação de Estradas Florestais.** IPEF – Instituto de Pesquisas e Estradas Florestais.- Circular Técnica nº 122. Piracicaba-SP.1980. Disponível em Site: http://www.ipef.br/publicações/ctecnica/nr122.pdf_-_acessado_em 10/12/2010.

RESENDE, L.R. de. **Estudo de Comportamento de Materiais Alternativos Utilizados em Estruturas de Pavimentos Flexíveis.** Brasília – DF, 2003 BRASIL/CPRM – Companhia de Pesquisa de Recursos Minerais. **Mapa Geológico do Estado do Ceará**, Escala 1:500.000 – convênio MME/CPRM. – Governo do Estado do Ceará/ Secretaria de Recursos Hídricos. Fortaleza - CE, 2003.

SANTOS, A. R. dos. **Obras Simples Devem Recuperar Espaço Nobre na Engenharia.** Artigo, p.1. São Paulo – SP, 2008. Disponível em Site: http//noticias.ambientebrasil.com.br/noticia/?d=39261. Acessado em 30/6/2009

VELHO, J. L. **Mineralogia Industrial: Princípios e Aplicações.** Editora Libel, Lisboa, 2005.

Apêndices

Apêndice 1 - Resultados dos ensaios geotécnicos de amostras de solo arenoso – rejeito de caieira.

Apêndice 2 - Resultados dos ensaios geotécnicos de amostras de solo argiloso – rejeito de caieira.

Apêndice 1 - Resultados dos ensaios geotécnicos de amostras de solo arenoso + rejeito de caieira.

AMOSTRA Nº		1	2	3	4	5	6				
Profundidade	DE										
(m)	ATÉ										
Estaca											
Posição											
G R A N U L O M E T R I A	% 2"			100							
	1"	100	100	99	100	100	100				
	P A S S A N D O 3/8"	87	81	89	89	72	83				
	Nº 4	81	76	86	86	62	74				
	Nº 10	75	69	79	79	53	67				
	Nº 40	49	45	52	55	33	49				
	Nº 200	19	19	19	20	17	23				
LL		NL	NL	NL	NL	NL	NL				
IP		NP	NP	NP	NP	NP	NP				
IG		0	0	0	0	0	0				
EA											
GRUPO HRB		A-1-b	A-1-b	A-2-4	A-2-4	A-1-b	A-1-b				
FAIXA											
26 GOLPES hót.		15,5	15,2	13,2	17,3	15,7	14,7				
dmáx.		1805	1800	1885	1758	1760	1758				
Expansão		0,00	0,00	0,00	0,00	0,00	0,00				
ISC		89	74	72	64	61	52				
Grau de compactação											
Umidade Natural											

QUADRO RESUMO: Mistura (SOLO ARENOSO + CALCÁRIO)

PESQUISA

Local: Aroeiras/ Pedra de Fogo

Interessado: Dr. Pessoa

Data: 07/2009

DER

CODER - CEGOR - NUGEO

Apêndice 2 - Resultados dos ensaios geotécnicos de amostras de solo argiloso + rejeito de caieira.

AMOSTRA Nº		1	2	3	4	5	6	7	8	
Profundidade (m)	DE									
	ATÉ									
Estaca										
Posição										
G R A N U L O M E T R I A	% 2"	100	100	100	100	100	100	100	100	
	1"	85	85	83	95	97	98	95	100	
	P A S S A N D O 3/8"	61	71	71	84	85	92	92	100	
	Nº 4	56	67	67	80	83	90	90	99	
	Nº 10	52	62	63	76	79	86	88	98	
	Nº 40	40	46	51	65	68	75	70	90	
	Nº 200	27	27	37	47	49	56	52	68	
LL		NL	NL	NL	NL	NL	NL	30,4	42,2	
IP		NP	NP	NP	NP	NP	NP	8,4	14,2	
IG		0	0	0	2	3	4	3	9	
EA										
GRUPO HRB		A-2-4	A-2-4	A-4	A-4	A-4	A-4	A-6	A-7-6	
FAIXA										
26 GOLPES	hót.	16,8	19,6	19,2	18,0	15,7	15,8	15,8	13,8	
	dmáx.	1748	1676	1700	1754	1800	1815	1862	1885	
	Expansão	0,16	0,39	0,28	0,09	0,08	0,16	0,24	0,55	
	ISC	77	73	79	64	60	63	19	5	
Grau de compactação										
Umidade Natural										

QUADRO RESUMO: Solo Argiloso + Rejeito de Caieira

PESQUISA	Data: 17/08/2010	DER
Local: Aroeiras/ Pedra de Fogo		CODER - CEGOR - NUGEO
Interessado: Dr. Pessoa		

Printed by Books on Demand GmbH, Norderstedt / Germany